我的家在中國·道路之旅 ⑧

U0105777

公路

通向遠方的風景

檀傳寶◎主編　葉王蓓◎編著

中華教育

這些路，蜿蜿蜒蜒、伸向遠方，它要去哪兒？

你看，奇裝異服的古代人，修着、修着路，碰到一起，成了中華民族一家人；你看，一杯香茶，跟着茶馬古道，翻山越嶺，送到茶客們的手裏……

目　錄

第一段
古代的交通規則

北京人的第一步

大約在70萬年以前，北京周口店生活着中國人的原始祖先，北京人。

這一年，秋天來到了。

放眼望去，附近遼闊的平原和起伏的山嶺，像披上了色彩斑斕的衣裳。

山腳的洞穴裏，一個年幼的聲音說：「不嘛，不嘛，我要吃果子！」一個女性的聲音在哄

他。幾個低沉的聲音說：「我們去河邊摘吧！」

原始時代交通規則

頓時，洞穴裏變得靜悄悄的。有人說：「河邊有猛獸⋯⋯」聽到這種說法，有一個低沉的聲音安撫着說：「放心，我們很多人一起去。再帶上我們剛磨出來的石刀、石斧。」的確，滿山谷果實纍纍，再不採摘，北京人整個冬天就要挨餓！

一羣北京人從洞穴裏出來了。小心翼翼，一個挨着一個，有的拿了石刀、石斧，成羣結隊去採集果實。

他們摘到果實後，安全回來了嗎？

有的回來了，有的可能沒有。

在那麼久遠的年代，人類還比較弱小。為了安全，常常一羣人一起行動，走來走去，就踩出了「路」，也就是我們土地上最早的道路了。

北京人又稱北京猿人，簡稱「北京人」，是生活在更新世（歷史學為舊石器時代）的直立人，距今大約70－23萬年。化石遺存於1927年在中國北京市西南的周口店龍骨山發現。

▲北京人

「道者，蹈也，路者，露也」（道路就是人踩多了，露出來的地方）。

結隊！

我是黃帝，那天，我看到成團的乾草在地上滾來滾去，所以我就發明了這個──輪子車。

3

在西周，怎麼走路？

光陰似箭，一眨眼，到了3000多年前的西周，可以說，那時候，我國道路已經建得初具規模。

在西周人們怎麼走路，有哪些交通規則呢？

這天，姜子牙的親戚，小姜美一家三口進城探望親友就遇到了這個問題。

一走進京城裏頭，道路兩邊都種着樹，路又寬又直。小姜美的爸爸說：「這寬度，九輛馬車並行都沒有問題呢！京城有十八條這樣的大馬路，九條南北大道，九條東西大道。」

小姜美的媽媽說，「還有呢，京城外還修了一條通往洛陽的大路。現在最流行的詩歌裏不都說嘛：天上有北斗把七顆星星連起來，而地上的周國道路就像一把朝西的勺柄，連結了東部西部很多地區。」

沒有走多遠，維護道路的工匠就攔住了他們：「請靠路邊走。」小姜美一家人盡量往路邊靠了靠。工匠還是繼續說：「不是這樣。」

那應該怎麼走路呢？小姜美注意到了路邊的告示，說：「爸爸要走路右邊，媽媽和我要走路的左邊。路的中間，那是給車子走的。前幾天才貼的告示！」

西周人確實花了很多力氣建路，所以也很愛惜道路。那時候制定了不少交通規則，其中一些交通規則還被沿用了很多年呢。

「右側通行」的由來

我國行人、車輛有靠右行走的交通規則，這來源於古代軍隊的隊列規定。古代有了軍隊之後，當兩支隊伍行進中相遇時，因為戰士右肩扛着矛或其他兵器，只好把左面讓給迎面而來的軍隊，自動靠右邊行走。現在我們行人靠右走也是沿用這一習慣。我國火車、汽車司機座位都設在左邊，以便觀察路況，安全行車。

▼ 西周修建了連接京城和東都洛邑之間的道路，《詩經·小雅·大東》裏這麼描述這條路：「周道如砥，其直如矢。」（周的道路平得像塊磨刀石，直得像箭桿。）

男子右行，女子左行，車在中央行。

我們建議「路邊種樹」「派人維護道路」。

在道路上亂倒垃圾，要砍斷手。這個是商代的規則，太殘酷啦！

第一本交通規則手冊

唐代的《儀制令》為我國最早的交通規則，也是我國最早用於交通管理的書，距今已有1300多年的歷史。這種始於唐代、盛於宋代的交通法規，帶有法規的強制性。北宋朝廷下詔，令京都開封及各州，在城內主要交通路口懸掛木牌，上書《儀制令》作為交通規則，人人都要遵守。到南宋以這一交通規則又由各州擴大到各縣，而且由懸掛木牌發展到刻石立碑永久示人。

奇裝異服來相會

　　西周的王室，後來搬了一次家，就是從西安往東搬到了洛陽。從那以後，人們就叫這個朝代東周，歷史上也將東周分為春秋、戰國兩段。那時，諸侯國爭霸，戰亂不斷。各諸侯國為了政治、軍事和經濟的需要，不遺餘力地把道路建到更遙遠、更險峻的地方，來擴展自己的勢力。一個叫單子的人經過陳國（今河南東部和安徽西北部），看到當地的道路失修，河川無橋樑，旅舍無人管理，單子就感歎「這是春秋戰國！不修路，等於坐等亡國！」後來陳國果然很快滅亡了。

　　西部的秦國為了克服秦嶺的阻隔，想出了修築棧道來打通陝西到四川道路的方法。棧道就是在山勢險峻的地方，在石頭上鑿孔，插上木頭做樑，再鋪上木板，圍上欄杆建成的道路。其他的國家也不甘落後，開通了許多道路：楚國打通了從郢都（今湖北荊州）通往新鄭（今河南新鄭）

這是春秋戰國！
不修路，等於坐
等亡國！

的通道，晉國打通了穿越太行山的東西通道，齊魯建了四通八達的黃淮交通網絡，燕國開闢了通往塞外的交通線。

這個時候，原本並不接壤的諸侯國隨着道路的開通，彼此之間的接觸突然多了起來。穿着大袖寬袍的中原人、胡服騎射的戎狄人、斷髮紋身的吳越人、喜歡盤髻的巴蜀人，就這麼遇到了一起，從打量着對方的奇裝異服，到慢慢適應、一起生活，就形成了我們現在的中華民族。

左邊那位頭髮也太短了吧！

你的袖子好短啊！

哦，我這樣的衣服方便騎馬。

你頂着一頭長頭髮，去我們那試試？我們那可潮濕啦，長頭髮不適合！

秦蜀棧道開闢於戰國時期，最初大規模開通的棧道在秦與巴蜀間跨越秦嶺和巴山的地段。川陝間的驛道，因被高山深谷隔絕，人們只能在懸崖絕壁上，鑿岩成道或鑿孔架木，作棧而行。這種狹窄驛道，古人稱為棧道或閣道。戰國時開闢利用的秦蜀棧道包括褒斜道、故道和金牛道。褒斜道在秦嶺棧道中最負盛名。褒斜道南口的石門，始鑿於東漢永平六年（公元63年），採用「火焚水激」法，歷時三年竣工，是世界上最早的人工隧道之一。

石頭上鑿孔，得花多少時間啊！

不怕，修都江堰的李冰大人教了我們「火焚水激」法，就是先用火燒，再澆水。熱脹冷縮石頭就裂開了。

　　東周的時候，發生了一個故事，晉國通過借用別國的道路，一口氣消滅了兩個國家，這個故事就是「假道伐虢」這個成語的來源。故事是這樣的，晉國想吞併虞和虢兩個小國，但是這兩國關係不錯。於是，晉國想出一個離間之計。給貪得無厭的虞國國君虞公送上了兩件寶貝：良馬和美璧，虞公高興得嘴都合不攏。接着，晉國故意在晉和虢的邊境製造事端，找到了伐虢的借口。晉國要虞國借道給晉國去討伐虢，虞公收了人家寶貝，就只好答應了。晉的軍隊通過虞國的道路，滅了虢國。晉國把從虢搶來的財產送了一部分給虞公，虞公更是非常開心。這時候，晉軍的大將裝病，提出把部隊駐紮在虞國京城附近休息幾天。虞公毫不懷疑地同意了。沒過幾天，晉公帶大軍來了，虞公出城相迎，兩人還約好一起去打獵。結果是調虎離山的計謀，虞國京城就被晉軍拿下了，晉國又滅了虞國。

車同軌，十里設亭

到了公元前221年，這是一個值得記憶的年份，世界上出現了當時領土面積最大，人口最多的國家，也就是秦國統一了六國建立的秦代。秦王也給自己取了個具有大國氣派的名字，秦始皇（第一個皇帝）。

為了管理這麼龐大的國家，秦始皇熱心於建道路，把原來諸侯國的路都連起來，而他本人一有空就坐車四處巡遊，去東方的大海邊上，去江淮流域，或者深入北方。

那麼，在秦始皇時代，考張駕照做司機，應該是個好工作吧！且慢，我們來看看咸陽有一個叫趙機的年輕人。這天，知了在樹上叫個不停，他興沖沖往師傅家跑，「師傅，我可以出師了嗎？有個駕車去北部送糧食的工作，我想去！」

師傅說：「第一次上路，就走這麼遠？」

趙機：「車同軌，十里設亭，卅里（三十里）設驛，皇帝不是把全國的交通規則都統一了嗎，還修了那麼多路邊驛站可以休息。師傅你就放心吧！」

我喜歡萬世矚目的感覺！在我修建的道路上一定會發生許多萬世流芳的故事。

師傅微微皺着眉毛說：「駕馭馬車，四年裏都不能出差錯，不然不僅丟了飯碗，還要被押去做徭役。這個，你是知道的。」

趙機的大腦裏飄過許多場景：許多他從小一起玩的朋友，被拉去修長城、修宮殿、陵園，留下家裏年老的母親孤獨一人。他搖了搖頭，安慰師傅說：「皇帝在北部修建了直道，現在往北部草原送糧食安全了許多。」師傅還皺着眉頭，不知道趙機這次有沒有機會成功上路，駕駛馬車在中原上奔馳：去草原、大海和美麗的森林……

秦國交通規則

駕照考四年內若出錯，罰做徭役。

條條大路通咸陽

　　俗語「條條大路通羅馬」原指古羅馬修建以首都為中心通向全國四通八達的公路網。其實，秦始皇統一中國以後，也修建了以首都咸陽為中心、通向全國的道路網，包括馳道（把原來諸侯國的道路連接、拓展）、直道（通往北方鄂爾多斯草原的國防道路，一旦匈奴人進攻，通過直道，秦國騎兵只用三天就可以從首都趕到北部邊境）、五尺道（五尺寬的棧道，通往西南），足以和羅馬的道路媲美呢！另外，秦始皇還規定了車輛尺寸和道路的寬度，並且出現了館驛制度。這就意味着車和道路更加標準化，有了它們，秦朝那麼多土木工程和戰爭物資的長途運輸才能實現。

　　後來的朝代，在秦朝的基礎上，繼續建設道路。到了清代，出現了這些道路：從北京去各個省城和其他重要城市的官馬大路；大城市通往其他市鎮的小路；在各條道路的重要地點都設置了驛站（傳遞官府文書、軍事情報的人或來往官員途中食宿、換馬的地方）。

▼秦始皇開通的道路，在後來2000年裏，發生許多故事。昭君出塞就是在秦始皇開通的直道上。大雁一路低飛，昭君遠嫁匈奴。

走，去逛商業街

到了宋代（960—1279），道路建設出現了一個新的現象。道路不再只承擔交通的功能，商業中心也集中到道路交叉口，用今天的話講，就是一些道路成了商業街。

原來，宋代以前，居民的生活區和商業區是嚴格區分開來的，居民不能把大門開向大街，在指定的市場之外從事買賣活動是嚴格禁止的。宋朝一改這些規定，允許人們在街邊開店做買賣，因此，就出現了許許多多繁華的商業街，滿街的酒樓茶肆、藝人商販。經過這樣的改造，北宋的都城汴京（今開封）成了人口超過百萬的大都會，城中店鋪達6400多家。

《清明上河圖》是北宋風俗畫，生動記錄了中國12世紀城市生活的面貌。整幅畫大致分為三個段落：汴京郊外春光、汴河場景、城內街市。

你看，如果不是因為道路規則的這個小改變，就不會出現《清明上河圖》裏的車水馬龍的繁華街市和至今仍然出名的傳統商業街，比如：北京前門大街、蘇州觀前街、山西平遙南大街、_____、_____、_____。

上圖是《清明上河圖》的第三段。畫了滿街的酒店茶樓，店鋪字號。你還在這條商業街上發現了哪些交通工具？_____。

古代商業街探險之真假店鋪

　　一不小心，我們回到了古代，只是走得倉促，忘記看穿越回哪個朝代。這時候，天色微暗，我們走進一條熱鬧的商業街，路上有賣珠寶的，賣瓜子的，看得我們眼花繚亂。突然，一家店裏走出來一位唐代裝扮的商人，拉住我們說：「客人，進來看看我們的唐三彩吧，絕對是我們唐代現在國寶級別師傅做的瓷器啊！」另一家店走出一位清代裝扮的商人，說：「我們這也有唐三彩，顏色也非常好看！」這兩個店，一個是真的，一個是假的。你猜真的是哪一家？

茶馬古道

馬兒也喝茶？

現在，我們離開繁華的汴京，沿着秦始皇時代開拓的「五尺道」往我國西南方向走去，腳下踩着不規整的石頭路，這條路像長蛇一樣延伸進了樹林、遠處的山坡和深山。遠處山谷裏傳來悠遠的歌聲和鈴鐺聲，我們側耳傾聽：那是一首悠遠的民歌。

我們到哪了？我們走進了一條中國最神祕的道路，它有一個美麗的名字——茶馬古道。茶馬古道穿過我國最複雜的地形，二十幾個少數民族聚居的滇川藏（雲南、四川、西藏）大三角地區。那裏海拔2000至5000米，西面高約5000米，東面高約3000米，其間河流、山脈交錯，氣候呈垂直分佈，也是亞洲最奇特和神祕的地形地貌。然後延伸到我們的鄰國：不丹、尼泊爾、印度。

路名的來源，你們肯定猜到了，一定和茶、馬有關！是馬兒喝着茶，愜意地看風景的路嗎？茶馬古道上的馬有意見了：「喝茶？還喝酒呢！俺們是背茶的！」剛才唱歌的人摸摸馬兒，說：「不只是馬背茶，歷史上，這條路的開通，有拿茶葉去換馬的原因。那時候，皇帝需要好馬打仗，一匹好馬可以換120斤茶葉呢！」

「前面那座山，你是甚麼山？」「過了昌都寺，才能到雅安。巴塘奶茶甜，理塘糌粑香。過了八宿，就到芒康。」

「前面那條江，你是甚麼江？」「過了中甸城，才能到麗江。大理姑娘好，普洱茶葉香。茶馬古道遠，人間到天堂。」

茶馬古道起源於唐宋時代的「茶馬互市」。我國滇川藏地區海拔很高，住在那裏的人們主要吃牛羊肉、糍粑，喝奶等，蔬菜吃得少，茶能幫助消除多餘的脂肪，所以非常受人們歡迎。但是，高原不產茶，所以就有許多人運茶葉到高原，換取高原上特產的好馬，慢慢地就走出了這條茶馬古道。茶馬古道有很多分支，大致從四川和雲南出發，跨過橫斷山脈，翻過金沙江、瀾滄江、怒江，延伸進青藏高原和雲貴高原。在茶馬古道上，不時能看到傣族、哈尼族、基諾族、布朗族、拉祜族、白族、藏族等的村寨。這條路，就像藏族格薩爾王說的：把各地人民的心連在了一起。最終茶馬古道延伸出國，連接起了印度、不丹、尼泊爾等國家。

茶馬古道的品茗小苑

基諾族喜歡把新鮮茶葉揉細揉軟，放在大碗中加上甜美的泉水，放上鹽、大蒜、黃果葉，攪拌均勻後吃。

藏族有一個傳說，兩個相愛的人不能在一起，雙雙殉情了。死後，一個人變成了茶，一個人變成了鹽。所以他們喝的茶裏要放鹽，讓兩個相愛的人再相逢。

布朗族喜歡把茶葉煮熟，趁熱放到陰暗處的土罐中，讓茶葉發霉。再壓緊，埋到土中。一個月後取出曬乾。

拉祜族喝茶第一步，把茶葉倒進火上的陶罐裏烤一烤。

哈尼族也有一個傳說，一個小伙子，打獵歸來，請大家吃飯。大家唱歌跳舞，口乾舌燥時，主人燒了一鍋水，讓大家解渴。突然一陣大風，幾片樹葉掉進鍋裏。結果這鍋有葉子的水特別好喝。後來人人都學了這個喝法。

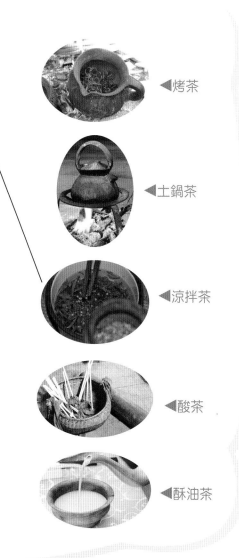

◀烤茶

◀土鍋茶

◀涼拌茶

◀酸茶

◀酥油茶

茶馬古道上的女人

過河的時候，先使勁蹬河邊的樹，記得，千萬別往下看！不然就沒力氣溜過去了！

▼ 溜索

▲ 馬幫

是的，危險的茶馬古道上不乏茶、馬和馬幫裏勇敢的男人們。他們像探險家一樣，身懷絕技，能馴服馬匹、滑過大河上的溜索、說好幾種民族語言，常常風餐露宿，冒着生命危險去做生意。那茶馬古道上的女人呢？

一路上，走過的，有中原公主們的影子。和親把她們從中原帶到西部，她們把喝茶的風俗帶到高原。據說，嫁到西藏的文成公主還發明了酥油茶，從此，藏區的人們習慣了喝茶。茶馬古道上運茶的馬匹更多，茶香更濃。

一路上，也有祖祖輩輩生活在古道上的女人們，可能是藏族、可能是漢族、可能是白族……家裏的男性常年背井離鄉買賣茶葉。她們守在家裏，烤茶、燒水、做飯、照顧家人。

一路上，也有現代普洱茶創始人吳啟英，她縮短了普洱茶發酵時間，使得在更短的時間裏生產出更多普洱茶。

茶馬古道是一條象徵中華民族融合的紐帶。在古道上，來自各個民族的商人們組成馬幫，一起風餐露宿，甚至面對危險。他們走出了這條茶馬古道的商貿之路，也走出了中華民族的團結之情。長期交往，慢慢融合。於是，不同民族的節日被共同慶祝（比如彝族最盛大的火把節也是雲南很多民族的共同節日），不同民族的飲食被相互接納。

不過，說起古道上的女人，我突然想起一句古詩「一騎紅塵妃子笑，無人知是荔枝來」。說的是唐代楊貴妃，看到馬兒揚起塵土跑來，她笑了，知道荔枝送到。那時候為了滿足她的喜好，無數的人、馬一路勞碌，甚至累死在從南方運荔枝北上的路上。當然，送荔枝的古道是西京古道，並不是茶馬古道。

文成公主本是唐室遠支宗室女。唐太宗封她為文成公主，唐貞觀十五年（641年）遠嫁吐蕃，成為吐蕃贊普松贊干布的皇后。文成公主為促進唐蕃間經濟文化的交流，增進漢藏兩族人民親密、友好、合作的關係，做出了歷史性的貢獻。

自從我發明了酥油茶，茶馬古道上來往賣茶的人就越來越多了。

是，我的家人都在古道上工作。

我把普洱茶發酵時間縮短到45天，茶馬古道上熱銷的茶現在可以供給更多的人了。

　　吳啟英，響應支援祖國邊疆的號召來到雲南，在昆明茶廠工作，直至2005年逝世。她被譽為「普洱熟茶渥堆技術的創始人」，並榮獲「中國普洱茶終身成就大師」榮譽稱號。

　　白族是中國第15大少數民族，主要分佈在雲南、貴州、湖南等省，其中以雲南省的白族人口最多，主要聚居在雲南省大理白族自治州。此外四川省、重慶市等地也有分佈。

（你能幫楊貴妃女士寫上她和古道的故事嗎？）

彼得的 1942

雖然茶馬古道地形複雜且危險，但是，在20世紀，尤其是1942年，它成了中國對外貿易的最主要道路。故事從哪裏說起呢？我知道一位叫彼得的先生，那時候，他就住在麗江，我們來聽聽他的故事。

那時的麗江，陽光輕輕灑下來，鮮花、流水、酒鋪、商隊、誇張卻快樂的笑聲，美得就像天堂！而這時，是中國進入抗日戰爭最艱苦的時期，日本人佔領了中國的沿海城市，中國和其他國家的貿易被迫中斷。只有茶馬古道，由於它的複雜和危險，成為唯一沒有被日本人切斷的道路，還連接着中國和印度。那時的麗江——茶馬古道上的一個古鎮，是中國在抗日戰爭中後期賴以生存的物資運送的主要道路要塞。而來麗江的路，彼得吩咐一路都要小心，躲開日本人的炸彈！

那時候，大概有25 000匹馬和騾子在運送物資。華僑們捐助的物資、武器從印度源源不斷地運送來中國。麗江幾乎每週都有長途跋涉而來的馬幫商隊來到。遇到雨季，山路泥濘，河裏的水漲上來，山體滑坡，山上則被迷霧籠罩。雪崩，這不是偶爾才發生的事故，而是家常便飯！有些旅行者，被永遠埋在了石頭底下，有的則被洪水捲走，永遠也回不來了。

這些勇敢的馬幫人，來自西藏、納西、白、漢等民族。長期在茶馬古道上討生活，他們形成了嚴格的規矩和紀律，會打槍戰鬥，熟悉地形。所以，抗日戰爭時期，他們乾脆就參加了抗戰和運送物資的隊伍，他們那時候唱着這樣的趕馬調：「馬鈴兒響叮噹，馬鍋頭氣昂昂。今年生意沒啥子做，背起槍來打國仗。」

▲ 茶馬古道在抗戰時盛極一時

顧彼得和《被遺忘的王國》

顧彼得，俄國作家，1901年生於莫斯科一個貴族家庭，1975年病逝於新加坡，終身未婚。其一生顛沛流離，曾長時間在中國西南地區居住。1941年他來到了麗江，被這裏世外桃源般寧靜和諧的情境深深感動，稱麗江為「被遺忘的王國」。顧彼得在麗江一住就住到1949年，在麗江的九年是他生命中最美好的時光，正是這段經歷促使他寫了《被遺忘的王國》一書，而這本書也成為了解麗江最著名的作品之一。

▲《被遺忘的王國》英文版書影

第三段

近代公路

會走路的洋房子

讓我們把時間稍微倒流一點點,回到抗日戰爭開始前的30年。

那時候,1901年,中國的道路上,出現了一種新鮮的車子。沒有馬拉着,卻跑得比馬車還快。老百姓們看到了非常驚訝,後來就叫它「洋房子走路,鐵轎子打屁」。

你猜,這是甚麼?

這其實就是汽車。住在上海的匈牙利人李恩時最早把汽車運來中國,還把它開到了路上。結果在上海灘引起了轟動。雖然那時候離世界上第一輛汽車誕生已經有16年了,但中國的道路自古

◀匈牙利人李恩時

你看它開過去,把路弄得坑坑窪窪!

中國的道路都是砂石或泥土路,還沒有用瀝青或水泥的路,開起來真是費勁!

我們的道路是設計給馬車走的,本來就窄,這洋玩意一跑,我們誰都走不了那條路了!

以來就沒有跑過這樣的車輛。所以，上海公共租界工部局特地開了一個會，研究該給李恩時的車發甚麼類型的牌照，最後決定發個馬車牌照。直到1912年，上海已經有140輛汽車後，為了方便管理，工部局才決定給汽車發放牌照。

後來，越來越多的政要、名人都擁有了自己的汽車，原來中國道路上常常使用的馬車、人力車、轎子等，都慢慢地讓位給汽車。所以，到了清代末年，從古代發展起來的驛道逐漸沒落，取而代之的是通行汽車的公路。

第一個擁有汽車的中國人

其實，第一個擁有汽車的中國人，是慈禧太后。她66歲生日的時侯，直隸總督袁世凱花了1萬銀兩，買了輛汽車作為壽禮送給慈禧。慈禧第一次見到這個洋玩意，興致勃勃地去坐汽車。結果，慈禧突然發現汽車和轎子的區別了。是甚麼地方不一樣呢？擔任司機的太監竟然和自己平起平坐！慈禧大怒，喝令他跪着開車！結果這個太監真的跪着開起汽車來，由於不能用腳了，兩隻手又顧方向盤，又顧油門、剎車，自然是不行的，險些要出車禍。於是慈禧只好下車，換回轎子。

從無到有的路

　　自20世紀初汽車輸入中國以後，通行汽車的公路開始發展起來。從推翻清王朝到中華人民共和國成立之前，中國道路發展緩慢，並屢遭破壞，原有的馬車路（有的也可勉強通行汽車）和馱運道仍是多數地區的主要交通設施。

　　清末和北洋政府時期是中國公路的萌芽階段。1908年，蘇元春駐守廣西南部邊防時興建的龍州——那堪公路，長30公里，但因工程艱巨，只修通龍州至鴨水灘一段，長17公里。除此之外，還有為數不多的公路修建，但當時軍閥割據、混戰，修建的公路既無規劃，又無標準。據統計，截至1927年，中國公路通車里程約為29 000公里。

▼ 1908年，清政府第一次意識到修建汽車公路的重要性並
　付諸建設，這時離清王朝被推翻只剩三年的時間

1927年開始，國民黨政府把修建公路納入國家建設規劃。國民政府的交通部和鐵道部草擬了全國道路規劃及公路工程標準。1936年6月中國公路通車里程達到117 300公里。

　　抗戰初期和解放戰爭期間，公路交通以軍用為主。公路建設進展不大。特別是國民黨軍隊潰退時，公路遭到嚴重破壞。截至中華人民共和國成立前夕，全國公路能通車的只剩下75 000公里。

　　從中國近代道路的整個歷史時期看，中國公路的發展是從無到有的過程，但因缺乏資金，缺乏公路建設的規劃，致使建成的公路在東西分佈上很不合理。

　　公路，我國歷史上習慣稱道路。具體的稱呼則由每個朝代道路建設的情況決定。清末民國初，汽車和近代築路法的輸入，開始有了汽車路。1921年，中華全國道路建設協會在上海成立，仍稱公路為道路。到了後來，把城市外的汽車路叫作公路，市內市郊的還是叫道路，有時兩個詞語通用。

　　在中國古文中，並不存在「公路」。我們來看看公路在不同時代的稱呼。

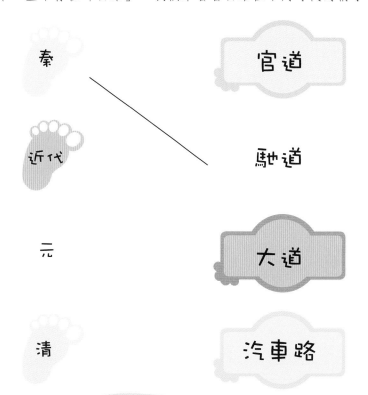

我是路，我的名字叫……

講到早期興建的汽車路，有一條路，是一定要講的。它總共不過六公里，卻有六個名字。當然，它並不是每隔一公里就換一個名字。就從它還在修築的時候講起吧！

我們知道，1842年清政府在鴉片戰爭中失敗，被迫簽了《南京條約》。依據這個不平等條約，許多國家來上海開闢了租界。我們要講的這條路，正好在法租界裏。法國人一直想擴大他們的地盤，他們看上了隔壁寧波人的一片土地，計劃修建一條路來穿過寧波人的同鄉會所和墓地（四明公所）。但對這一修路建議，四明公所強烈反對，請求改變路線，並願承擔有關費用。結果交涉不成，寧波籍為主的上海市民只好開始抗議，法租界當局出兵鎮壓，釀成血案。所以，這條路的修建計劃暫時擱置。

《南京條約》喪權辱國，我們才不叫南京路，我們叫它大馬路！

因為《南京條約》，上海才有一條路叫南京路。

淮海路上逛一逛

淮海路上有許多歐美風情的建築，這些建築曾經銘刻了外國侵略者擴張租界的痕跡，飽含着民族的屈辱，也刻錄了中國人民英勇的抗爭。但如今的淮海路現代化建築林立、時尚名品薈萃。百年淮海路已成為中國人眼中華貴雍容的購物天堂。讓我們在淮海路上逛一逛，感受一下這條有歷史的路。

▲ 繁華的淮海路商業街

1897年，法租界又提出修這條路。命令四明公所6個月內遷走，過了幾個月，四明公所還在搬遷的時候，法國駐滬總領事帶軍隊武力佔領公所，再次激起上海人民的反抗。結果，黃浦江的法國軍艦號水兵上岸，對付手無寸鐵的市民。這一次，面對法國人的堅船利炮，抗議的市民付出了血的代價。沒有多久，這條路就開始修建了，法租界的地盤也擴大了許多。

　　這條路，法國人似乎建得很起勁，有人說他們想在東方建個巴黎。他們用了當時最先進的築路方法，築路時，還同步鋪設排水、供水、供電設施。接着，在路兩邊種植梧桐，並嚴格規定路邊的建築必須是兩層以上磚石結構的歐式樓房，與道路保持不少於10步的距離。建成之後，這條路，按照法國用人名命名路的習慣，用了法租界公董局（就是道路管理委員會）重要人物寶昌（Paul Brunat）的名，叫寶昌路，也叫勃呂納路（同名異譯）。1915年改用法國將軍霞飛（Joffre）之名，改為霞飛路。這條路上後來開了不少西式的餐館、酒吧、商店，來的西方記者感慨，這就是東方的巴黎嘛。

　　後來日本人佔領上海，通過它的傀儡偽上海市政府收回法租界，法國人的路名當然要改改了，所以這條路改叫了泰山路。1945年國民黨政府又宣佈改用國民政府主席林森的名字，叫林森中路。中華人民共和國成立後的1950年，為紀念淮海戰役勝利，這條路最終改名為淮海中路。

高速公路

「大橋先生」的一家

　　隨着時間的推移，到了中華人民共和國成立之後，我們現代化的公路越建越多。唯獨滔滔的長江水把所有通到長江邊的公路都攔住了。長江上沒有橋，來來往往的人們，只能換乘江上的船隻。船渡不僅耗時多，而且風浪大的時候還十分危險。

　　終於，在1957年的時候，「大橋先生」（武漢長江大橋）來到了長江上。他是武漢人，講一口武漢腔的普通話，聽說很喜歡吃鴨脖子。他長得又高又壯，鋼鐵做的兩腿，橫跨長江兩岸，汽車和火車都可以從他腿上開過去。他還非常貼心，站得特別高。這樣一來，長江上萬噸的巨輪都

大型橋樑博物館

　　長江上的橋樑眾多，因此被稱為「大型橋樑博物館」。

▲ 樑橋——武漢長江大橋，1957年建成

▲ 樑橋——南京長江大橋，1968年建成

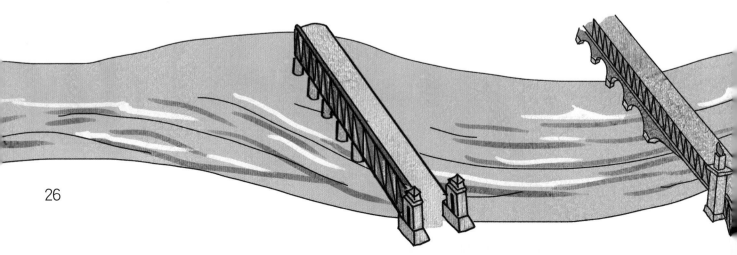

不會被他擋住！為了表揚他的工作，毛澤東主席特意寫了一首詞誇獎他：「一橋飛架南北，天塹變通途。」

1968年，「大橋先生」娶了一位美麗的南京姑娘（南京長江大橋）。她有多美麗呢？據說她通車的時候，數十萬人來看她，人擠人，擠掉的鞋子都能裝兩卡車。她的確很美，引橋部分是中國特色的拱橋形式，正橋部分嵌了200幅鐵浮雕，人行道上還有潔白的白玉蘭花燈，所以你得承認，她應該算是個古典美人吧！

不過現在，「大橋先生」和他的太太年紀都有些大了，人們開始擔心，怎麼能把那麼重的卡車、火車一直這麼開上去呢？還好，「大橋先生」一家人丁興旺。你猜猜有多少人了？已經有一百多口人了！他們一家的工作就是站在長江上，把大中國的南北聯繫起來。

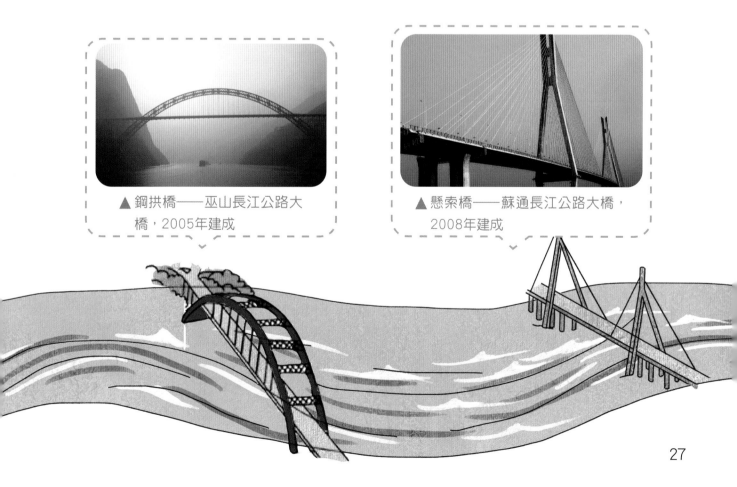

▲ 鋼拱橋——巫山長江公路大橋，2005年建成

▲ 懸索橋——蘇通長江公路大橋，2008年建成

藏羚羊過馬路

　　我叫平平，我是一隻藏羚羊。我的家在青藏高原上，我要介紹我身邊這條青藏公路。這裏有冰原、荒漠、鹹水湖……人類常說是「不毛之地」。你可能要問我了，這麼藍的天空，美麗的白雲，怎麼被我說得那麼可怕呢！是啊，在我們欣賞藍藍的天上飄着朵朵白雲的時候，如果風一吹，就很可能下雨，在高原上得了病，如果沒有得到及時醫治，可能就會有生命危險。

　　不過，就算遇到這樣天寒地凍的雪天，我也一點不怕，因為我的絨毛特別保暖。忘記告訴你們了，我們這裏，嚴格地講，是沒有夏季的。當全國夏日炎炎的時候，這裏白天溫度在25度以下，晚上在10度左右。當然，我們的優勢也給我們招來殺身之禍，曾經也有人為了獲取我們的絨毛而大肆殘殺我們。

　　比起北京的海拔43.5米，上海的海拔4米，我們這裏的海拔真的是特別高。所以，就像我們熟知的茶馬古道，青藏高原上也有其中一段。以前這裏道路好危險！有的地方被山谷隔開，沒有路、沒有橋，馬幫的好漢們是會用溜索滑過去的。而物品的運輸則主要依靠馬、犛牛、駱駝來完成的。可是動物們哪裏有卡車運得多呢！

　　現在，人們修建了青藏公路，這樣一來，日常需要的物品，包括感冒藥就可以源源不斷地運到高原上。我的人類鄰居們都特別的開心。但是，在青藏公路上過馬路，對我可是件大難事！但人們為了保護我們，想了許多辦法，我們終於能和這條美麗的公路和平相處了。

五道梁

我的生活必需品，大部分由青藏公路運進來。

海拔越來越高，我有些不舒服。

青藏公路，一年四季通車，是五條進藏線路中最繁忙的公路，司機長時間開車易疲勞，因此交通事故也多。所以走青藏線要特別小心。

那曲地區

當雄縣

羊八井

拉薩

青藏公路海拔圖

格爾木 崑崙山口 不凍泉 五道梁 沱沱河沿 雁石坪 唐古拉山口 安多 那曲 當雄 羊八井 拉薩

| 169 | 130 | 91 | 100 | 89 | 134 | 104 | 75 | 78 | 公里 |

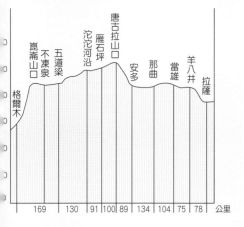

青藏公路起於青海省西寧市，止於西藏自治區拉薩市，是世界上海拔最高，線路最長的柏油公路，也是目前通往西藏里程較短、路況最好且最安全的公路。

青藏公路可可西里、楚瑪律河一帶設置了特殊的「紅綠燈」，保證藏羚羊順利通過青藏公路向西遷移。每年6至7月是藏羚羊大規模的遷徙期，上萬隻藏羚羊向西前往產子。由於青藏公路車流量比較大，給生性膽怯的藏羚羊遷徙造成了極大的影響。在藏羚羊遷徙通過公路時，會有「紅綠燈」禁止汽車通過，每次停車不超過20分鐘。 紅綠燈將大約持續到7月15日藏羚羊全部遷徙完畢。

消失的水稻田

　　到底中國公路建得多到甚麼程度呢？新聞報道中經常會提到兩個數據，一條是公路里程、一條是高速路里程，全部一路攀升。2013年中國建成公路共計423.8萬公里，比中華人民共和國成立的時候多了410多萬公里。而高速公路的建設，則更誇張。1988年以前，中國根本沒有高速公路。所有我們能想像出來的車輛：三輪車、人力車、自行車、汽車，甚至行人全都聚集在普通公路，這樣不止不安全、混亂，還大大降低了交通速度。於是我們開始建設高速公路。到了2013年年底，我國已經是世界上高速公路總里程排行第一的國家了。

　　住在東莞寮步鎮的泰叔，對這些數字有他獨特的體會。他說，用我們鎮的水稻田來打個比方，以前我們有4萬多畝水田，但是現在寮步鎮變成一個現代化的城市中心區，沒有一畝田。幾年前，泰叔背着他的相機，滿鎮找過去，曾經在石埗村找到了寮步鎮最後的一畝田。那時候，這塊田裏還種了香蕉、慈姑。

道路對生活的影響

▼ 這個陝西的村子裏住了344人，背一桶水都要跑上幾里山路。那時的路難走，一個來回就要半天。

爺爺說：有道路後生活方便了很多。

叔叔說：修建了道路，經濟發展也向上了。

▲ 因為「綠色通道」政策，高速公路不收運菜車的過路費，成本降低了，農民的收入增加了。

現在，連這塊水稻田也消失了。泰叔回憶當地的公路建設，說：「當我幾天前看到一個地方還是美麗的水田時，沒過幾天就變成了馬路，再過一段時間，就變成了高樓大廈……」於是，泰叔希望用鏡頭記錄下最後一畝田的變遷，讓寮步鎮的子孫後代知道，這塊土地是甚麼時候結束農耕的。

雖然心痛於家鄉田園風光的消失，泰叔同時也有這樣的感想：以前種了幾萬畝田，寮步人依然吃不飽飯，現在一塊田都沒了，卻家家都生活好好、吃得飽飽，改革開放真是好！

▼以前的寮步鎮

▲現在的寮步鎮

▼我們的路修得越多，車子也越多，煩惱也隨之而來。

媽媽說：我們的路修好了，車也多了，煩惱也多了。

你認為道路修建對你的生活有甚麼影響？

_____

_____

_____

_____

_____

_____

身邊最美的公路

隨着公路建設發展，國家已經形成了四通八達的公路網。

目前，我國公路按照行政體制分為國道、省道、縣道、鄉村道路等。國道是我國公路的主要類型，一共有三種編號。

在解釋編號之前，我們來查一查，下面幾條國道是從哪裏來？到哪裏去？

104國道：是以北京為起點，福州為終點的國道。

202國道：＿＿＿＿＿＿＿＿＿＿＿＿＿＿＿＿＿＿＿

301國道：＿＿＿＿＿＿＿＿＿＿＿＿＿＿＿＿＿＿＿

你發現規律了沒有呢？1開頭的國道是以首都北京為中心呈放射線分佈的公路；2開頭的國道是南北方向的公路；3開頭的國道是東西方向的公路。當然，按照公路的技術等級可以分為高速公路、一級公路、二級公路、三級公路、四級公路。

這些公路還通往了許多神奇而美麗的地方。

▲杭州灣跨海大橋是繼中國港珠澳大橋、美國龐恰特雷恩湖橋和中國青島膠州灣大橋之後，世界上第四長的跨海大橋，全長36公里。

▲掛壁公路是在懸崖峭壁上開鑿而出的，主要分佈在太行山脈，其中郭亮村的掛壁公路被稱為「第九大奇跡」「世界最險要十條公路之一」「世界十八條最奇特公路之一」。

▼張家界天門山盤山公路有「通天大道」之稱，海拔從200米急劇提升到1300米，大道兩側絕壁千仞，空谷幽深，共計99個彎，層層迭起，被譽為「天下第一公路奇觀」。

▲秦嶺終南山公路隧道是中國公路隧道之最，需15分鐘才能穿越。其中為緩解駕駛員視覺疲勞，保證行車安全，特別設置了目前世界上高速公路隧道最先進的特殊燈光帶，值得一去。

你身邊最美麗的公路是哪裏？

　　我們這一路，看着中國道路跨越了時間、空間，貫穿了不同的朝代，領着我們從小家到大家，把生活在不同地區的中華民族大家庭的各個成員連接到了一起。公路就像血管一樣滲進我們的土地，給我們的生活帶來一切便利的可能。公路更像是一道美麗的朝霞，引領中國走向更美好的明天。

我的家在中國・道路之旅 ⑧

通向遠方
的風景 | 公路

檀傳寶◎主編　葉王蓓◎編著

責任編輯：楊歌

裝幀設計：龐雅美

排　版：龐雅美　鄧佩儀

印　務：劉漢舉

出版 / 中華教育

香港北角英皇道 499 號北角工業大廈 1 樓 B

電話：（852）2137 2338

傳真：（852）2713 8202

電子郵件：info@chunghwabook.com.hk

網址：https://www.chunghwabook.com.hk/

發行 / 香港聯合書刊物流有限公司

香港新界荃灣德士古道 220-248 號

荃灣工業中心 16 樓

電話：（852）2150 2100

傳真：（852）2407 3062

電子郵件：info@suplogistics.com.hk

印刷 / 美雅印刷製本有限公司

香港觀塘榮業街 6 號

海濱工業大廈 4 樓 A 室

版次 / 2021 年 3 月第 1 版第 1 次印刷

©2021 中華教育

規格 / 16 開（265 mm x 210 mm）

本書繁體中文版本由廣東教育出版社有限公司授權中華書局（香港）有限公司在香港特別行政區獨家出版、發行。